Serpientes peligrosas

Boas constrictoras

Kelli Hicks

Traducción de
Sophia Barba-Heredia

I0606330

ÍNDICE

Un libro de El Semillero de Crabtree

CRABTREE
Publishing Company
www.crabtreebooks.com

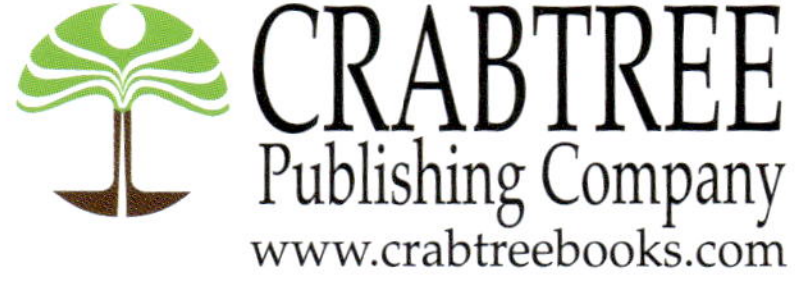

Apoyos de la escuela a los hogares para cuidadores y maestros

Este libro ayuda a los niños en su desarrollo al permitirles practicar la lectura. Abajo están algunas preguntas guía para ayudar al lector a fortalecer sus habilidades de comprensión. En rojo hay algunas opciones de respuesta.

Antes de leer:

- ¿De qué pienso que tratará este libro?
    - *Pienso que este libro es sobre serpientes peligrosas.*
    - *Pienso que este libro es sobre serpientes muy grandes.*

- ¿Qué quiero aprender sobre este tema?
    - *Quiero aprender dónde viven las boas constrictoras.*
    - *Quiero aprender qué comen las boas constrictoras.*

Durante la lectura:

- Me pregunto por qué...
    - *Me pregunto por qué las boas constrictoras pueden ser de tantos colores diferentes.*
    - *Me pregunto por qué tragan su comida completa.*

- ¿Qué he aprendido hasta ahora?
    - *Aprendí que las boas constrictoras pueden oler con sus lenguas.*
    - *Aprendí que son reptiles.*

Después de leer:

- ¿Qué detalles aprendí de este tema?
    - *Aprendí que las boas constrictoras usan los músculos de su vientre para moverse en línea recta.*
    - *Aprendí que aprietan a sus presas hasta que ya no pueden respirar.*

- Lee el libro de nuevo y busca las palabras del vocabulario.
    - *Veo la palabra* **reptil** *en la página 3 y la palabra* **presa** *en la página 14. Las demás palabras del vocabulario están en las páginas 22 y 23.*

BOAS CONSTRICTORAS

La boa constrictora es un poderoso **reptil**.

Su largo cuerpo se mueve en **línea recta**.

La mayoría de las serpientes se mueven de lado a lado. La boa constrictora usa los músculos de su vientre para moverse en línea recta.

Una boa constrictora puede ser amarilla, roja, verde o tostada.

Zigzags, óvalos, diamantes o círculos forman **patrones** en su piel.

La **lengua** de una boa oscila de lado a lado para rastrear su comida.

¿Sabías que una boa constrictora puede oler con su lengua?

La hambrienta boa espera silenciosamente.

Se acerca sigilosamente a su **presa**.

Sus fuertes músculos aprietan hasta que la presa no puede respirar.

La boa traga su cena completa.

Regresa a su casa
en un tronco **hueco**.

Glosario

hueco: Las cosas huecas tienen un espacio vacío adentro.

lengua: La lengua es un músculo móvil en la boca.

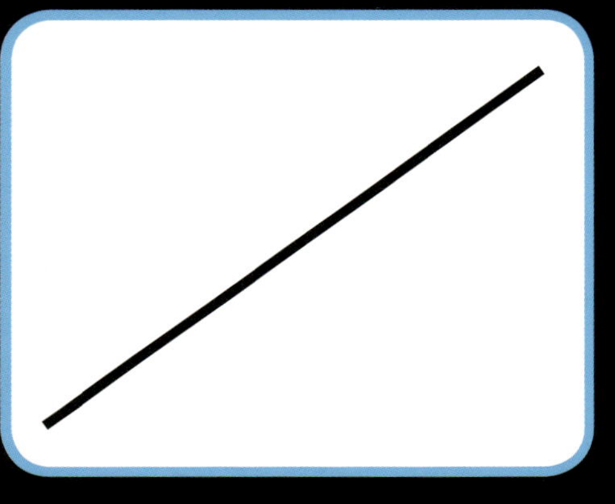

línea recta: Una línea recta no tiene curvas.

patrones: Los patrones son colores, formas o figuras que se repiten en una forma particular.

presa: Una presa es un animal que es cazado por otro animal para alimentarse.

reptil: Un reptil es un animal escamoso de sangre fría que respira aire.

Índice analítico

Sitios Web (en inglés):

http://Easyscienceforkids.com/all-about-boa-constrictors
Kids.britannica.com/kids/article/boa-constrictor/352869

Acerca de la autora

Kelli Hicks

A Kelli Hicks le encanta aprender sobre ciencia y naturaleza, incluyendo las serpientes peligrosas. Prefiere leer sobre serpientes que encontrarse con ellas en persona. Kelli vive en Tampa con su esposo, sus dos hijos y su perra, Emma June.

Written by: Kelli Hicks
Designed by: Jennifer Dydyk
Editor: Tracy Nelson Maurer

Translation to Spanish: Sophia Barba-Heredia
Spanish-language layout and proofread: Base Tres
Print and production coordinator: Katherine Berti

Photographs: mask for snakeskin graphic on cover and pages © shutterstock.com/Merydolla; yellow triangle with snake graphic © Top Vector Studio/Shutterstock; Cover photo: © shutterstock.com/ reptiles4all. Page 3: ©shutterstock.com/Vadim Petrakov. Page 5: ©shutterstock.com/ Mr. Pants. Page 6: ©shutterstock.com/Patrick K. Campbell. Pages 6-7: ©shutterstock.com/Piotr Przybysiak. Page 9: ©istock.com/reptiles4all. Page 11 ©istock.com/DimitarOmi. Page 13: ©shutterstock.com/Karel Bartik. Page 14: ©shutterstock.com/Karel Bartik. Page 16: ©istock.com/GlobalP. Page 17: ©shutterstock.com/Karel Bartik. Page 19: ©shutterstock.com/Karel Bartik. Page 21: ©istock.com/David Kenny.Page 22 top photo © shutterstock.com/ Wojciech Lepczynski. Page 23: ©istock.com/amattel.

Library and Archives Canada Cataloguing in Publication
Title: Boas constrictoras / Kelli Hicks ; traducción de Sophia Barba-Heredia.
Other titles: Boa constrictors. Spanish
Names: Hicks, Kelli L., author. | Barba-Heredia, Sophia, translator.
Description: Series statement: Serpientes peligrosas | Translation of: Boa constrictors. | Include index. | "Un libro de el semillero de Crabtree". | Text in Spanish.
Identifiers: Canadiana (print) 20210251085 | Canadiana (ebook) 20210251093 | ISBN 9781039619272 (hardcover) | ISBN 9781039619333 (softcover) | ISBN 9781039619395 (HTML) | ISBN 9781039619456 (EPUB) | ISBN 9781039619517 (read-along ebook)
Subjects: LCSH: Boa constrictor—Juvenile literature.
Classification: LCC QL666.O63 H5318 2022 | DDC j597.96/7—dc23

Library of Congress Cataloging-in-Publication Data
Names: Hicks, Kelli L., author.
Title: Boas constrictoras / Kelli Hicks ; traducción de Sophia Barba-Heredia.
Other titles: Boa constrictors. Spanish
Description: New York : Crabtree Publishing, [2022] | Series: Serpientes peligrosas - un libro el semillero de Crabtree | Includes index.
Identifiers: LCCN 2021029825 (print) | LCCN 2021029826 (ebook) | ISBN 9781039619272 (hardcover) | ISBN 9781039619333 (paperback) | ISBN 9781039619395 (ebook) | ISBN 9781039619456 (epub) | ISBN 9781039619517
Subjects: LCSH: Boa constrictor--Juvenile literature.
Classification: LCC QL666.O63 H5318 2022 (print) | LCC QL666.O63 (ebook) | DDC 597.96/7--dc23
LC record available at https://lccn.loc.gov/2021029825
LC ebook record available at https://lccn.loc.gov/2021029826

Crabtree Publishing Company
www.crabtreebooks.com 1-800-387-7650

In Canada: We acknowledge the financial support of the Government of Canada through the Canada Book Fund for our publishing activities.

Published in the United States
Crabtree Publishing
347 Fifth Avenue, Suite 1402-145
New York, NY, 10016

Published in Canada
Crabtree Publishing
616 Welland Ave.
St. Catharines, Ontario L2M 5V6

Printed in the U.S.A./092021/CG20210616